最新中小户型——玄关·客厅

金长明　主编

辽宁科学技术出版社

·沈阳·

CONTENTS 目录

设计：胡狸设计

设计：杨宏杰

设计：魏羽鸿

设计：何帅剑

设计：江香宜

装修秘籍

中小户型玄关

　　玄关是从室外进入室内的必经之路，是进入居室的缓冲区。它让进入者静气敛神，同时也将家居第一印象展示给每一位来访的客人，而且这一印象将会持续很长一段时间，所以玄关的好坏直接影响到房主的形象。设计精美的客厅玄关，不但令人一进门便眼前一亮，精神为之一振，还会使家居空间顿时焕发光彩。

■ 开门见亮，心情舒畅

　　玄关是居室的入口，宜给人轻快明亮的形象。但目前大部分住宅的玄关都没有自然光源，因此在采光方面必须多动脑筋。

设计：吴序群

设计：陈赔坚

设计：廖易风

1. 增加人工光源：在玄关处可配置较大的吊灯或吸顶灯做主灯，再添置些射灯、壁灯、荧光灯等做辅助光源。如果想有效地进行照明，那么最好的选择是用半直接照明维持亮度，再用小型聚光灯来照亮挂在墙上的画或装饰物以增加气氛，也可以运用一些光线朝上射的小型地灯来作装饰和点缀。

2. 采用暖色调：玄关最好以中性偏暖的色调为主，能给人一种柔和、舒适之感，让人很快忘掉外界环境的纷乱，感受到家的温馨。

3. 玄关设置宜通透：小户型的玄关往往采用较通透的设计，在材料上选用玻璃、珠帘等透光材质。借用客厅和餐厅的自然光线，使空间看上去会显得大些，采光也会好，从而减少空间的压抑感。

■ 玄关装饰的三大原则

由于玄关的面积一般都不大，所需费用也不太高，因此主人尽可以多下些功夫装饰玄关，能起到花钱不多、事半功倍的理想效果。玄

设计：钟 墨

设计：吴序群

设计：贾建新

设计：王 玮

设计：吴序群

设计：吴序群

装修秘籍

关可以选择多种装修形式进行布置，但要遵循以下三个原则：

1. 统一风格：作为一个独立的功能区域，玄关的整体风格应该较为统一。玄关的设计宜依据房型和设计风格的不同来定，可以是圆弧形的，也可以是方形的，有的房型入口还可以设计成玄关走廊。

2. 因地制宜：如果玄关面积较小，玄关处就要做得尽可能简洁，装饰过多会造成凌乱感，可以采用矮柜作为收纳柜。玄关空间够大，可以作半隔断的设计，形成完整的玄关概念，不仅可以满足基本使用功能，在装饰性上可以发挥的空间也更大。

3. 因人而异：客厅隔断的风格和材质的运用是灵活变化的，但在选择时要根据主人的年龄不同而加以区别。20岁以上的年轻人喜欢自由、个性的生活，所以住宅空间多追求开放性，可以选择装饰型隔断；65岁以上的老年人喜欢安静，所以多以封闭空间为主，可以选择建筑型隔断；而中年人则介于两者之间，因此无论是装饰型隔断还是建筑型隔断都比较易于接受。

设计：深圳前域空间

设计：李正杨

设计：张 峰

设计：候恒清

设计：查裕嵩

■ 小户型玄关的形式

小户型的玄关可分为邻接式和包含式两种。

1. 邻接式玄关：邻接式玄关与厅堂相连，没有较明显的分区，其形式独特，能与房间风格相融。

2. 包含式玄关：包含式玄关是包含于室内，只要简单地装饰就会成为整个厅堂的亮点，既能起分隔作用，又能增加空间的装饰效果。

■ 小户型就要小玄关

玄关作为居室入口，使内外有所缓冲，住宅内部也得到隐藏，外边不易窥探，象征福气绵延，是任何户型不可缺少的居室空间。玄关虽然重要，但一味地给玄关划分宽绰的面积也是不合理的做法。

设计：吴序群

设计：吴文进

设计：真志松

装修**秘**籍

　　中小户型都不会有太大的面积，如果玄关空间太大，就会压缩其他功能区域的面积，让其他房间感到空间局促，不利于有效利用。一般来说，以0.37平方米为基础需要，如果是三口之家，可在玄关设置一个长1.2米、宽0.4米的衣鞋柜组合，放置平时更换的外衣和鞋子。如果是五口之家，将衣鞋柜的长度增加到1.6米也就足够了。

■ 小空间巧设玄关隔断

　　小户型往往没有单独的玄关空间，而是与客厅等其他空间相邻，有时很难界定。因此，在设计时需要设计一处隔断，既有界定空间、缓冲视线的作用，同时又具有画龙点睛的装饰作用。客厅玄关的隔断应以通透为主，材料以磨砂玻璃、帘子等为佳，色彩以明快简洁为佳。

设计：张 峰

设计：查裕高

设计：曹 洁

设计：沈阳山石空间设计

设计：品川设计

■ 四种适宜小户型的精美玄关

　　玄关不能太高或太低，一般以2米的高度最为适宜。若玄关太高，身处其中便会有压迫感，还会隔断了来自大门的新鲜空气，是非常不可取的；而玄关太低，则无法起到间隔的作用。玄关既要有实用性，又要有装饰性，根据户型和空间格局，隔断可以分为四类：

　　1. 低柜隔断：以矮台来限定空间，既可储放物品杂件，又起到划分空间的功能。并在矮柜上放置工艺品、鱼缸、植物或悬挂短竹帘。低柜隔断适合小户型的客厅空间。

　　2. 玻璃通透：以大屏玻璃或珠帘做装饰遮隔，既分隔了玄关空间，又保持了空间的完整性。

　　3. 半敞半隐：隔断上部开放或半开放，下部为完全遮蔽式的设计。半敞半隐式的隔断墙高度大多为1.5米，通过线条的凹凸变化、墙面挂置壁饰或采用浮雕等装饰物的布置，从而达到较佳的艺术效果。

设计：郭志刚

设计：金 戈

设计：解苏霆

设计：陆槛槛

设计：周孝瑞

装修秘籍

　　4. 格栅围屏：以带有不同花格图案的镂空木格栅屏做隔断，能产生通透与隐隔的互补作用。此外，也可借助屏风划分不同功能区域，既实用又美观。格栅围屏适合小户型狭长的客厅空间，充分利用闲置的部分，起到隔断客厅空间、一厅多能的作用，借用半露半遮的围屏带来空间延展的视觉效果。围屏本身体积小，可折叠，方便易用。

■ **玄关隔断的"障眼法"**

　　客厅设置玄关能起视觉屏障作用。玄关对户外的视线形成一定的视觉屏障，不至于开门见厅而让人一进门就对客厅的情形一览无余。因此，隔断的材料既不能太透明，又不能太闷实，如果用透明玻璃，会显得太通透，起不到遮挡作用，而若用深色实木，则又太闷重。采用半透的磨砂玻璃或者木隔栅等，起到若隐若透的效果则最好。但是，究竟采用那种材料最适合，还要看客厅玄关的设计风格和主人的实际需求。

设计：吴序群

设计：张富强

设计：赵江峰

■ 各领风骚，四种主流玄关推荐

1．欧式风格隔断——古典尊贵。欧式风格的客厅内大多有花纹、雕饰等图案，线条优美。为了搭配这种奢华、古典的整体风格，其隔断的设计一般采用彩色花玻璃、铁艺等装饰。铁艺给人沧桑感，可以做成多种图案。现在很多年轻人采用特殊定制的铁艺装饰作为玄关隔断。

2．田园风格隔断——自然简朴。田园家具多以奶白、象牙白等白色系为主，在室内环境中力求表现悠闲、舒畅、自然的田园生活情趣。为了搭配这种整体风格，客厅中的隔断可用竹帘、韩式屏风、木雕等来装饰。另外，还可以采用实木圆柱或石、藤、竹等自然材料，放在玄关的空间作装饰，创造自然、简朴的氛围。当然，还要进行一些特殊处理，从而使整体居室风格协调统一。

3．现代简约隔断——时尚科技。现代简约风格讲究线条简约流畅、色彩对比强烈。在这种风格的客厅内，隔断通常是讲究隔而不

设计：厦门创家园设计装饰 林耀明

设计：顾忠诚

设计：周 周

设计：戴文强

设计：戴文强

设计：张富强

装修**秘**籍

断，隐约但不遮蔽，所以在隔断的材质和造型上，可以采用通透的材料，如玻璃、纱、珠帘等，以达到通透的目的。另外，还可以采用镂空的方式，如将墙体掏空或者做成镂空隔断等，保证空间整体的通透明亮。

4. 中式风格隔断——大气稳重。小户型的中式玄关，一般是在侧对门的墙上安置玄关镜，加深视野以扩展空间。中式风格的玄关装饰，选用中规中矩的中式玄关镜是最保守也是最稳妥的搭配方案。低调保守的棕色木质边框搭配方方正正的造型，点缀中式风格玄关，既实用又具有装饰美感。

■ 小珠帘，大讲究

1. 根据客厅的色调和装修风格进行珠帘搭配。温馨浪漫风格适合选择粉色、紫色的水晶珠帘；清爽简约风格适合选择冷色的水晶珠帘，以蓝色、白色、茶色为宜；时尚感强的格局则适合用红色、绿色、烟熏色等色彩明快鲜艳的珠帘搭配；古典风格当然是使用全透明的

设计：解苏霆

设计：张富强

设计：戴文强

设计：张富强

设计：周孝瑞

水晶来彰显高贵。

2. 根据季节选择珠帘颜色。还可以不同的季节选择不同色系的珠帘以达到不同的风格。珠帘的颜色表现很多，主要有透明色、红色、绿色、黄色及蓝色。春、夏季宜选择明度高、亮丽、清新的颜色，可以令人感到清爽；秋、冬季则适合选择颜色比较凝重、浓烈的大地黄、暗棕、深红、靛蓝等色彩，衬托出室内空间的别致感觉。

■ 距离产生美——玄关忌与门太近

玄关的隔断设计位置是根据房间的具体情况定的，没有特别硬性的规定，但是最好不要离门太近，因为这样会在视觉上产生压迫感，影响整个空间的纵深感，同时也让一进门的客人感到心理上的胁迫感。

设计：张富强

设计：汪 桃

设计：刘宝达 海润滨江

装修**秘**籍

■ 玄关地面要耐磨

　　玄关是从大门进入客厅的缓冲区域，玄关地面是家里使用频率最高的地方之一，因此，玄关地面的材料要具备耐磨、易清洗的特点。

　　在进行玄关装饰时，大多数人都喜欢采用地砖装饰，而且把玄关的地面和客厅进行区分，但其装修通常要与居室的整体装饰风格统一，在统一中追求变化。我们可选择纹理美妙、光可鉴人的磨光大理石拼花，或用图案各异、镜面抛光的地砖拼花勾勒而成，以与客厅从视觉效果上进行区分。

■ 玄关地面颜色宜沉稳

　　如果采用地板作为玄关地面，颜色宜较沉稳，深色象征厚重，地面色深象征根基深厚。如要求明亮一些，则可用深色石料四周包边，

设计：戴文强

设计：戴文强

设计：周道淦

设计：王建军

设计：解苏霆

而中间部分采用较浅色的石材。如若选择在玄关铺地毯，其道理亦同，宜选用四边颜色较深而中间颜色较浅的地毯。

■ 玄关吊顶巧设计

　　玄关的空间往往比较局促，容易使人产生压迫感。但通过局部的吊顶配合，往往能改变玄关空间的比例和尺度。它可以是自由流畅的曲线，也可以是层次分明、凹凸变化的几何体，甚至是大胆抢眼的木龙骨，上面悬挂点点绿意。

　　我们需要把握的原则是：简洁、整体统一、有个性，同时要将玄关的吊顶和客厅的吊顶结合起来考虑。

■ 玄关家具宜灵活

　　玄关除了具装饰作用外，另有一重要功能，即储藏物品。玄关内可以组合的家具常有鞋柜、壁橱、镜子、小坐凳、更衣柜等。在设计

设计：戴文强

设计：温凡琦

设计：刘洋

设计：陈新华

设计：范文永

装修秘籍

时应因地制宜，充分利用空间。另外，玄关家具在造型上应与其他空间风格一致，互相呼应。

如果居室面积偏小，可以利用矮柜、鞋柜等家具扩大储物空间，而像手提包、钥匙、纸巾包、帽子、便签等物品就可以放在柜子上了。另外，还可通过改装家具来达到一举两得的效果，如把落地式家具改成悬挂的陈列架，或把矮柜做成敞开式挂衣柜，增加实用性的同时又节省了空间。

■ 玄关的鞋柜高度要适中

鞋柜作为玄关中必不可少的一种家具，除了考虑其外观造型，方便存放鞋类之外，还要参考一定的比例和尺寸。一般来说，鞋柜的高度最好是墙面高度的1/3。这样的高度，主人使用起来比较便捷，存放的鞋子数量也比较适中，而且跟室内的其他家具能起到很好的协调效果。

设计：林元君　香江枫景

设计：张江明

设计：张江明

过高或过矮的鞋柜，不仅使用不方便，还会破坏整体装饰效果。如果鞋柜过高的话，存放的各种鞋子混杂的气味和灰尘、细菌，易影响家人的呼吸。

■ 玄关鞋柜设计的禁忌

1. 鞋子宜藏不宜露。置于玄关处的鞋柜宜有门。倘若鞋子乱七八糟地堆放而又不加遮掩，则非常有碍观瞻，更重要的是鞋子的异味和从外界带入的细菌会直接扩散至全屋，影响居住者健康。有些人家的玄关布置很巧妙，鞋柜也设计得很典雅、自然，看不出它是鞋柜，这才符合归藏于密之道。

2. 玄关鞋子忌摆放杂乱。如果把鞋子四处乱放，外面不好的气将会随鞋子进入屋内。至于那些未曾穿过上街的新鞋，或供室内专用的拖鞋，放在家中任何地方都没有问题。所以家居最好添置一个鞋柜，将鞋子全部放进柜内，避免杂乱。

设计：沈阳山石空间设计

设计：杨嘉彧

设计：刘　鑫

设计：李利军

设计：胭脂设计

设计：胭脂设计

装修**秘**籍

3. 玄关鞋柜忌超过五层。鞋柜通常是多层式设计，以五层高为佳，少于五层问题不大，但不宜多于五层。鞋属土，应该"脚踏实地"，不宜放得太高。此外，还要注意鞋尖不可对着人，鞋头最好向柜内放，既穿脱方便，又寓意走得更远。

中小户型客厅

小户型有小户型的精彩、紧凑、精致，但同时又不得不面对它的不足：空间局促、家具不易摆放，想要客厅只能舍弃餐厅，想要衣柜只能舍弃酒柜，能否把小户型的设计做好，是对设计师最大的考验。

要想把小户型家居打造得功能完善、美观大方，可以从空间布局、色彩、家具以及软装饰等处理手法上予以重视，只要处理得当，小户型也可以变得很"大"。

设计：赵 伟

设计：黄宇云

设计：胭脂设计

设计：胭脂设计

设计：胭脂设计

■ 让小客厅空间变"大"

1. 客厅餐厅一体式：将客厅和餐厅连成一体，做成开放式格局，打掉隔墙，让具有储藏功能的收纳柜来分隔空间。

2. 向上发展：就是充分发挥房间上部的作用，如果房屋高度够高，可利用其多余的高度做出"阁楼"夹层，这样可以多出一部分空间。

3. 往下争取：充分发挥坐卧类等家具下面的储藏功能，多购置收纳储藏柜，使空间在视觉上保持简洁干净，没有摆放多余的杂物。在阳台打造高架地台，将内部设置为抽屉或储纳柜。

4. 死角活用：将客厅里面的死角都利用上，往往会给人出乎意料的巧妙用途。可以摆放小型的装饰柜和装饰架，也可以摆放地灯、衣帽架等。带阁楼的户型，可以将楼梯踏板做成活动板，利用台阶做成抽屉。

设计：胭脂设计

设计：胭脂设计

设计：吴序群

装修秘籍

5. 弹性运用：就是利用家具的多功能用途来扩大空间的多功能性，也是节省空间的一大妙方。在小户型居室有限的空间中，所配备的家具一般要求既能满足家居需要，又能扩展空间。在设计之前，要充分考虑空间的穿插与兼顾，让特定空间可以在不同时段担当不同的用途。比如，客厅阳台又是健身活动室；电视墙本身就是书柜；客厅与其他空间相重叠，通过多种用途的家具，既可以作为会客的起居室，有时候又充当书房等。

6. 弱化吊顶：针对层高矮的客厅，就不适宜将吊顶做得过厚，宜采用薄一点儿的石膏板吊顶来加大空间的开阔。将墙面与吊顶处理成白色，也会避免小客厅的视觉压抑，有些层高不太高的客厅，干脆不做吊顶。

7. 让门"隐身"：客厅的门过多会使空间更加局限狭小，让人感觉是一个杂乱无章的大过道。遇到这种情况，可让门"隐身"，装饰一堵连体墙，或设计一些玻璃或镜面，既美观又增加了客厅的纵深感。

设计：曾晶

设计：李利军

设计：兰先喜

设计：杨荷英

设计：许昌进

■ 小户型客厅色调要考究

　　小户型的居室通常因建筑格局局促，显得昏暗狭小，因此更要注重家居装饰整体色调的设计。

　　1. 偏冷浅色做基调。选择小户型的家居色调，要在结合自身爱好的同时，尽量选择冷色调、中间色作为基调。这些色彩具有扩散和后退性，能使居室呈现清新开阔、明亮宽敞的感觉。通常，乳白、浅米、浅绿、浅紫等颜色比较适合小户型。

　　2. 巧配饰品。想打破浅素色基调带来的单调，可考虑搭配一些深色的家具和饰品，以起到跳跃色彩的作用。同时，这些深色的家具和饰品还有收缩视觉的效果。

　　3. 色调和谐统一。房间内各装饰部位的颜色种类不能太过繁杂，否则会造成视觉上的压迫感。通常来说，和谐一致的色调可以达到开阔空间的视觉效果。

设计：房　伟

设计：张　华

设计：游永朱

设计：余　涛

设计：胡狸设计

装修**秘**籍

4. 相近图案搭配。家居内的各组成部分，如墙面、窗户、沙发、椅套等，都要采用相同或相似的图案，这样会让人忽略空间的限制，从而感觉空间不再那么狭小。

5. 利用颜色延伸空间。在墙面上相间地用乳胶漆涂上两种浅色的线条，与地面垂直或平行均可，线条与地面垂直使空间变高，线条与地面平行使墙面变宽。

■ 小空间材料规格要小巧

当建材市场上的瓷砖越来越大的时候，业主选择瓷砖求大的心理也越来越明显。很多人以为，瓷砖规格越大，越显高档。其实根据视觉对比的原理，那些较小规格的瓷砖，往往会让小空间显出大意味。比如300mm×300mm的仿古砖，价格既低廉，又富于质感，铺到小户型的地面上，更会打造出小户型的雅致大方。

设计：黄宇云

设计：胭脂设计

设计：胭脂设计

此外，小户型在装饰设计上，最忌讳用过多的曲线，而横条、直线条则有利于小空间的视觉拓展，增加空间的宽敞感。

■ 小户型家具摆设的四个原则

一般来讲，家具和摆设等是要精选的，要遵循"少而精"的原则。通常，那些造型简单、质感轻、体量小巧的家具，尤其是那些可随意组合、拆装、收纳的家具比较适合小户型。

1. 搭配家具风格。要选定所喜好的家具风格，并协调好整体空间的搭配与居室布置，优先考虑空间活动的功能性和灵活性，使家具既可以独立使用，又能与其他相搭配，创造出家具的多重功效。

2. 选择功能性强的家具。注重家具的多功能性，用那些一物多用的家具能很好地节约空间、方便空间性质转换。比如，放置一件既可以当沙发又可以当床的家具，一来可以满足日常会客和休闲使用，二来如果有客人来访的时候，也有"专用的客房"；还有一种可以竖

设计：江香宜

设计：陈 帅

设计：张旭龙

设计：胭脂设计

设计：胭脂设计

设计：周孝瑞

装修秘籍

立起来的床非常适合小户型的书房，它一面是床，一面是大柜子，这样睡觉的时候把床放下来，不用的时候把床竖靠到墙上，背面是可以装东西的大柜子，书房和卧室就兼而有之了。

3. 缩小家具尺寸。小户型因空间局促，在布置家具时，切记不要放置那些高大的家具和摆设。现在家具的体积普遍较大，如果放在宽敞的住宅里，当然会提升家居环境的气派，但放到小户型里，其气派就会荡然无存，反倒显得笨拙和突兀。

4. 布置家居突出重点。小户型对于家具的选择就要有取舍，依据实际需要和户型特点来布置。比如，在家工作的SOHO一族，就可以把工作室作为重点，其次考虑视听、会客等功能；喜欢娱乐、音乐、影视的业主，一组沙发、一个吧台、一面电视墙都可以是居室的中心。重点突出的空间既满足了使用者的需求，又不会使空间杂乱无章、拥挤不堪。

设计：游永朱

设计：房 伟

设计：王建军

设计：王利昌

设计：王利昌

■ 聚焦灯具和窗帘塑造空间的开阔感

　　灯具和窗帘等软装饰品的选择，同家具一样，也要注意体量大小的问题。

　　一般来讲，灯具要选择体积不大、造型简洁、光亮度好的为宜。那些"豪华"的灯具一般不适合小户型。还要注意壁灯、台灯等辅助光源的搭配运用，和谐有致的光环境可以让小户型增加开敞的感觉。

　　一般小户型适宜使用轻而薄的窗帘，窗帘的大小应根据窗户大小选配。那些长而多褶的落地窗帘虽然在大户型中可以凸显豪华与大气，但一般不适宜小户型。通常，利落、清爽是小户型选择窗帘时要切记的原则。

设计：吴文进

设计：郭志刚

设计：许昌进

装修秘籍

■ 异形客厅隔断的布置

　　客厅形格讲究中正，形格包括"形"与"格"两个方面。"形"主要指客厅的形态格局，"格"则指客厅的风格。中国传统的居家观点是客厅形状最好是正方形或长方形。

　　小户型的客厅格局多为狭长形，有的则为不规则的多边形，这种空间划分往往会给家居空间造成一种压迫感。因此，要想在有限的空间里营造出游走自如的氛围，让狭小的空间既能体现功能区分，又不显得拥挤，最好的办法就是巧用隔断。

　　又因为小户型受面积的限制，完全的区域间隔必然会使空间更显局促，因此在隔断的选材上一般宜采用通透性强的玻璃或玻璃砖，或者叶片浓密的植物、帷帘、博古架等。此外，以薄纱、珠帘、竹窗等材质做成的屏风也是不错的选择，不仅能延伸视野，还能给居室带来一种古朴典雅的氛围。

设计：曾晶

设计：李润明

设计：李文斌

设计：刘耀成

设计：周朝辉

■ 客厅与走廊之间宜选用不完全隔断

　　客厅与走廊之间的隔断不宜过于封闭，以免影响空气的顺畅流通。一般来说，以布艺纱幔或木栅隔断为宜。纱幔可垂挂或缠绕，点缀于需要隔断或遮挡的地方。木栅可与墙体连在一起，用粗犷木材做成镂空设计。这种隔断意在使"实"的空间变"虚"，通过视觉上的隔断来达到扩展空间、扩大视野的目的，让光线、视线、空气自由融合。这种处理方式可减轻压迫感和窒息感，使空间更具延伸性、互动性和流畅性。这种柔情似水的隔断，同时也让家的温情感骤然提升。

■ 客厅里的自然光好处多多

　　通常，自然光对我们身体是十分有益的。我们身体层面的能量是由光产生并且由光来滋养的。像绿色植物一样，人体有一系列的营养

设计：易 俗

设计：沈阳山石空间设计

设计：曹 洁

设计：周 健

设计：周 健

装修秘籍

物质，比如维生素D，只有通过阳光照射，人体才能合成。

　　自然光对情绪有积极的促进作用。但是，要注意避免太阳直接斜照在窗户上的光线，尤其是太阳西沉之时。不仅如此，阳光对情绪也会有影响，在阴天的时候，人会产生一些消极的情绪。我们宜在上午多开窗户，一直到中午，这样就可以获得有益的光线，但是下午的阳光就不像上午那样有益。由于这个原因，朝向西南和西方的窗户和门并不十分有利。

　　白天要阳光充足，晚上灯光也宜明亮。光源最好是黄和白搭配。尽可能少使用日光灯管，它的电子撞击影响视神经。灯泡能产生热效应，会使室内空气上下对流，产生好的风水。最忌为了省电费，或是营造气氛，而开盏5瓦、10瓦的小灯，会对视力造成损伤。

■　小客厅顶棚有大讲究

　　小户型居室大多较矮，造型较小的局部吊顶装饰应该成为首选，或者干脆不做吊顶。如果吊顶形状太规则，会使天花的空间区域感太

设计：陈毛豪

设计：曾 晶

设计：高仲元

强。如果一定要做吊顶，可以在背景墙的两侧做一级或两级较矮的吊顶，这种吊顶是纯装饰的不需要内藏灯光，所以不用在原顶棚间留空隙。这样一来，不但视觉较为舒服，而且顶棚中间的凹位对住宅风水也会大有裨益。

顶棚颜色宜轻不宜重，客厅的顶棚颜色宜以浅淡为主，地板的颜色则宜深，以符合天轻地重之感。

■ 聚焦小户型客厅灯光布置

灯光是家装中的重中之重，小空间的布光应该有主有次，主灯可以是造型简洁的吊灯或吸顶灯，辅之以台灯、壁灯、射灯等。要强调灯具的功能性、层次感，不同的光源效果可交叉使用。辅助式照明可以加强某一区域的照明，使空间有层次感，并能造成室内的光差，柔和空间气氛。比如地灯，可以让光线打到天花板反射的空间，制造光线漫射的效果。

在壁画的上方架设嵌灯，可使画面更具立体感；在走道尽头加壁灯，可让空间更显宽阔、宁静；集中式照明可以放在一些特殊的地

设计：贾建新

设计：胡狸设计

设计：刘洋

设计：伊占朋

设计：泉港华田装饰设计

装修秘籍

方，以满足功能性的要求，在需要近距离、长时间阅读的空间，则需要集中式照明；在玄关平台处摆放具有设计感的灯具，空间的感觉立刻变得不同。

在灯光设计中，尽量避免使用过多的嵌灯，否则会使空间很亮，容易产生眩光，而且石英金卤灯不宜长时间照射人体。装修时尽量减少使用荧光灯，这类灯容易损耗。多使用间接光源，可以避免灯光直射造成的眩光。

■ 隐藏式光源的隐患

隐藏式光源的内凹设置不但容易藏污纳垢，而且日后整修不易；投射光源乍看柔和，实际会让室内昏暗，致使家具给人一种虚浮的感觉。处理方法是设置主灯让客厅显得明朗光亮，对于无自然采光的空间，可整日开着节能灯泡来补足。

设计：陈赔坚

设计：胡狸设计

设计：胡狸设计

设计：陈 帅

设计：房 伟

■ 开放式客厅的灯光隔断

开放式客厅讲究的是空间的整体性和连贯性，如果以硬性材质做隔断，很容易破坏空间秩序。这时候可以试着以灯光为隔断，通过不同区域出现的明暗变化让空间自然分隔。

具体的做法就是在各个区域合理地布置灯具，让各个区域出现不同的光照氛围。通常一个客厅所需要的灯具有顶灯、壁灯、台灯、落地灯、射灯五种。要以灯光为隔断，就需要不同区域的灯具在各自有所变化的基础上保持整体的一致。在外观上，各个区域的灯在实现风格统一的前提下，在外观上应有所区别。在光效上，不同区域的灯，其照度也应有所区别。

设计：大连金世纪装饰　尚英杰

设计：常雅婧

设计：黄宇云

装修**秘**籍

■ 五花八门的客厅灯饰

客厅是日常生活的主场所，会客、休息、视听娱乐都在客厅里进行。客厅灯饰风格是主人身份、地位、修养与情操的象征和表现。因此，客厅的照明重在营造氛围，应选择艺术性较强的灯具，与建筑结构和室内布置相协调，体现出美好的光环境，给人留下深刻的印象。中小户型的客厅可以采取吊灯、吸顶灯、轨道式射灯、壁灯、地灯等灯具作为装饰和照明。

1. 吊灯装饰照明。由于吊灯十分引人注目，因此吊灯的风格直接影响整个客厅的风格。吊灯托架的直径大小及灯头盏数的多少，都与客厅面积有关。中小户型的客厅，选择吊灯的盏数不宜超过6盏。

吊灯的式样很多，各种装修的风格都可选到合适的，常用的有欧式烛台吊灯、中式吊灯、水晶吊灯、羊皮纸吊灯、时尚吊灯、锥形罩花灯等。用于居室的，分单头吊灯和多头吊灯两种，前者多用于卧室、餐厅，后者宜装在客厅里。

设计：胡狸设计

设计：胡狸设计

设计：王利昌

设计：博洛尼装饰　谷长美

设计：赵　伟

　　装修业主最好选择可以安装节能灯光源或全金属和玻璃等材质内外一致的吊灯。不要选择有电镀层的吊灯，因为电镀层时间长了易掉色。此外，建议选择带分控开关的吊灯，如果吊灯的灯头较多，可以局部点亮。吊灯悬挂在人们头上，吊钩的承重力十分重要。根据国家标准，吊钩必须能够挂起吊灯4倍重量才能算是安全的。吊灯的安装高度，其最低点应离地面不小于2.2米。

　　2．吸顶灯装饰照明。这种照明适用于高度较低的客厅，或者是兼有会客功能的多用途房间。吸顶灯按照其安装的位置可分为一般式（也称艺术造型吸顶灯）、嵌入式与半嵌入式三种。中小户型由于面积小、客厅空间层较低的原因，大多采用艺术造型的吸顶灯。艺术造型吸顶灯的灯罩与托盘千姿百态，还有的吸顶灯将吊灯的特点充分表现在吸顶灯上，出现了新颖的吸吊灯，使高度较低的客厅也能营造出金碧辉煌的效果。

　　安装吸吊灯要从客厅面积大小出发。面积在15平方米以下的，宜采用单灯罩吸吊灯，超过20平方米的可采用多灯罩组合吸顶灯或多花装饰吸吊灯。选择的吸顶灯一定要有半透明的亮侧边，以免顶棚过暗。但也要注意，亮侧边也不可是全透明的，否则会破坏整体照

设计：周周

设计：刘东

设计：游永朱

设计：曹军

设计：曹晶

装修**秘**籍

明效果。

3. 轨道式射灯照明。这是典型的无主灯、无固定模式的现代流派照明，能烘托室内照明气氛。在客厅的背景墙壁上或吊顶上安装轨道系统，由于小射灯可自由变换角度，组合照明的效果也千变万化。

客厅照明在采用上述几种一般照明方式的同时，还应考虑辅助照明与局部照明方式。通常情况下是用壁灯与立灯作辅助照明，以衬托客厅主次照明风格；用射灯对客厅里的图画及艺术品作投光照明，更显艺术的魅力。

■ 客厅灯饰的选购技巧

1. 美观实用的吊扇灯。根据高度选吊扇灯。吊扇灯既具有灯的装饰性，又具有风扇的实用性。不同的天花板高度所用吊杆长度不同，层高为2.5～2.7米的房间适宜用最短吊杆或者选择吸顶式的；层高为2.7～3.3米的房间可以用原配的吊杆；3.3米以上高度的房间需

设计：解苏霆

设计：刘 东

设计：向 涛

要另外加长吊杆。装好后要求叶片距地面最低2.3米，低于这个高度会不安全而且风的效果不好。至于是否带灯和灯的数量就要看是否有照明的需要，即使无照明需要还是加灯更加漂亮些。调速方面一般用珠链手拉，如觉得不方便可以装个遥控或壁控，有的遥控还有睡眠定时功能，很适合晚上使用。

2. 晶莹剔透的水晶灯。看价格。现在市面上的水晶灯多以千元起价，而不同品牌的水晶灯在外观上都是差不多的。因此在选购水晶灯时，不能只考虑价钱，不顾质量，如果一味追求价格低，那就很有可能把以次充好的水晶灯买回家。看成色。装修业主在选购水晶灯时先要看它的七彩效果，然后再看一看它的镀金层。一般高档的金属配件多为电镀24K金，这种镀金层几年都不会变色，也不会生锈，低档的则达不到这种效果，两三个月便会失去原来的光泽。看外观。看水晶球有没有裂痕、气泡、水波纹或杂质，只有晶莹剔透的水晶球才可以发挥出光学的最佳效能，使穿过的光折射出瑰丽色彩；而在水晶球的切割面上要看它是否光滑，棱角是否分明，这样的水晶球折射效果可以达到最好。

设计：宋　文

设计：唐　丹

设计：贾建新

设计：贾建新

设计：唐　丹

设计：胡狸设计

装修秘籍

3. 雍容华贵的欧式吊灯。欧式造型的灯具具有华丽的装饰效果、强烈的色彩以及精美的造型。在细节上，欧式灯具注重曲线造型和色泽上的富丽堂皇，有的灯还会以铁锈、黑漆等故意营造出斑驳的效果，追求仿旧的感觉。在材质上，欧式灯多以树脂和铁艺为主，其中树脂灯造型多样，可有多种花纹，贴上金箔、银箔后更显亮丽、鲜艳；铁艺灯造型相对简单，但更有质感。欧式造型的灯具与家具进行搭配，能够准确表现出欧式家居风格。装修业主可以根据具体的需要，确定选择仿古的质感或华丽的效果。

4. 古朴端庄的中式灯具。讲究对称、精雕细琢的传统中式风格的同时，中式灯具也讲究色彩的对比，其图案多为清明上河图、如意图、龙凤图、京剧脸谱等中式元素，强调古典和传统文化神韵的感觉。中式灯具在材质上多以镂空或雕刻的木材为主，宁静古朴。仿羊皮灯光线柔和，给人温馨、宁静的感觉。仿羊皮灯主要以圆形与方形为主。圆形羊皮灯大多是装饰灯，起画龙点睛的作用；方形仿羊皮灯多以吸顶灯为主，外围配以各种栏栅及图形，古朴端庄，简洁大方。目前，中式灯也有传统中式和简约中式之分，传统中式更富有古典气息，简约中式则只是在装饰上采用一些中式元素。在进行灯具选择时，需结合整体环境，无论是材质还是造型，都不能喧宾夺主，融入环

设计：姜广伟

设计：周科荣

设计：大连金世纪装饰 高丽丽

设计：澜庭设计

设计：候恒潇

境又能锦上添花为最佳。

　　5. 小巧的筒灯。筒灯是一种相对普通易装又具有聚光性的灯具，一般用于普通照明或辅助照明。选购筒灯时要注意以下几点：（1）光源。筒灯可以装白炽灯泡，也可以装节能灯泡。装白炽灯泡时是黄光，装节能灯泡时视灯泡类型而定，可以是白光，也可以是黄光。筒灯的光源方向是不能调节的。（2）应用位置。筒灯一般都安装在天花板内，需要吊顶内部高于15厘米，当然筒灯也有外置型的。在无顶灯或吊灯区域，安装筒灯是很好的选择，光线相对于射灯更柔和。（3）质量。选购筒灯要看灯杯的反光效果、灯杯的材质、支撑架及其外部工艺。优质筒灯反射率高，外部喷涂及电镀工艺细致，美观耐用。

　　6. 时尚节能的LED射灯。LED射灯光线柔和，雍容华贵，既可对整体照明起主导作用，又可局部采光，烘托气氛，增强效果，主要用于需要强调或表现的地方，如电视墙、挂画、饰品等。LED射灯有以下优势：（1）节能。同等功率的LED灯耗电仅为白炽灯的10%。（2）寿命长。LED灯珠可以工作5万小时，比日光灯和白炽灯都长。（3）可调光。以前的调光器一直是针对白炽灯的，白炽灯调暗时

设计：魏童

设计：刘哲

设计：余涛

装修秘籍

光线发红；而现在的LED调光，无论是亮光还是暗光都是同样的颜色（色温基本不变），这一点明显优于白炽灯的调光。（4）可频繁开关。LED的寿命是按点亮时算的，即便每秒钟开关数千次也不影响寿命。（5）颜色丰富。有正白光、暖白光，红、绿、蓝等各种颜色，无论是客厅里大灯旁用于点缀的小彩灯还是霓虹灯，都很鲜艳。（6）发热量低，扫除安全隐患。射灯主要功能是聚光，所以一般使用灯珠，而不使用节能灯。选购的关键是要看变压器和灯杯的质量。优质变压器功率足，灯杯烤漆电镀工艺精良，不易变形褪色。市面上有些商家将优质灯杯和功率不足的劣质变压器搭配，以低廉的价格出售，这种产品不仅光效差，还可能引发火灾。

■ 活用客厅阳台

有些人为了把室内的实用面积扩大，往往对阳台进行改建，把客厅向外延展，使阳台成为客厅的一部分，这样就能使客厅变得更宽大。但是阳台不适合摆放大柜、沙发和假山等高大、沉重的物品。阳台改建后，可以作为晾晒衣物的空间，则既不影响楼宇安全，同时还

设计：杨晓慧

设计：杨晓慧

设计：唐 丹

设计：伊占朋

设计：刘耀成

可保持阳台原来的空旷通透。

　　阳台的功能除了晾晒衣物之外，可以有几种好的利用方法，最常见的是在阳台上做壁柜收纳杂物，还可以和卧室打通，增加空间感。若想减少厨房和卫生间的区域面积，不妨把阳台变成另一个洗涤区，改成健身区域也是个很好的创意。

■ 小户型客厅地板的布置

　　从质量方面考虑，客厅的地板应尽量保持水平、高低一致、平实、严整，这样可令行走顺畅，也可避免失足、摔跤等意外事故发生。客厅中地板的材质与质量是一个家庭家境的象征。若地板破败，让人产生家道中落之感，既不便于打扫卫生，又很不雅观。所以，一旦发现地板有破损，就应立即补换更新。

　　客厅地板的颜色应沉稳，给人以可依靠的感觉。但是，小户型的地板颜色不宜太深，若太深会显得整体客厅昏暗，令居住者的心情压

装修**秘**籍

抑、沉重。如果希望选择一些明亮的颜色时，需要用深色材质将地板的四边作一些处理，然后再在中间的部位用稍浅的材料，以求用深色的四框来压一压浅颜色的轻飘之感。地面的抛光度也不适宜过大，因为反射光太强，将影响客厅里的视觉和谐。

■ 客厅地毯突显个性色彩

地毯的颜色、花样若能搭配适宜，会产生不同的气场与空间上的变化。也可运用地毯的色彩使家宅开运。

构图和谐、色彩鲜艳明快的地毯，令人赏心悦目，为最佳选择；色彩单一的地毯，会使客厅显得毫无生气，尽量不用。宜用紧密厚实质地的地毯，在冬季能减缓空气的流动，调节室内小气候。

设计：武汉梵石艺术设计工作室

设计：游永朱

设计：戴文军

■ 绿色植物让小空间有"活力"

　　客厅是最常放置绿色植物的空间，不但为家居环境增添光彩，还有吸附甲醛、净化室内空气的奇效。客厅植物有装饰家具的视觉效果，以高低错落的植物自然状态来协调家具单调的直线状态。配置植物，首先应着眼于装饰美，数量不宜多，有大有小地进行搭配。不妨碍人们走动靠角放置为宜，植物的气质与主人的性格和室内气氛相协调为好。应避免将杂乱的绿色植物或普通的观赏花卉零散地摆设在客厅的窗台、电视机上等位置。

　　小户型的客厅应谨慎选择植物类型，如利用吊篮与蔓垂性植物，可以使过高的房间显得低些；较低矮的房间则可利用形态整齐、笔直的植物使室内看起来高些；叶小、枝条呈拱形伸展的植物，可使房间显得比实际面积更宽。而形态复杂、色彩多变的观叶植物可以使单调的房间变得丰富，赋予客厅宽阔、舒畅的感觉。

设计：张洪超

设计：易 俗

设计：吴序群

装修**秘籍**

■ 小户型房屋装修设计五个误区

　　1. 不够周全的强弱电布置。小户型房间虽小，但五脏俱全。又因居住者以年轻人居多，对电脑网络依赖度高，生活又随意，所以小户型对电路布置要求很高。要充分考虑各种使用需求，在前期设计时做到宁富勿缺，避免后期家具和格局变动后造成接口不足的尴尬。

　　2. 划分区域的地面装饰。小户型的空间狭小曲折，很多人为了装饰效果，突出区域感，会在不同的区域用不同的高度与材质来加以划分，天花也往往与之呼应，这就出现了更加曲折的空间结构和衍生出许多的"走廊"，造成视觉的阻碍与空间的浪费。

　　3. 擅自拆改空间结构。小户型的结构一般都比较复杂，很多人不管结构如何，盲目地把承重墙、风道、烟道拆掉，或者做下水与电、气的更改。这样做，轻则会造成节点，产生裂痕，重则会影响整栋楼的承重结构，缩短建筑使用寿命。

　　4. 镜子的盲目运用。镜子因对参照物的反射作用而在狭小的空间中被广泛使用，但镜子的利用又是一个不小的难题，过多使用会让

设计：张 峰

设计：陈赔坚

设计：李芝强

设计：周 健

设计：魏 童

人产生眩晕感。要选择合适的位置进行点缀运用，比如在视觉的死角或光线暗角，以块状或条状布置为宜。忌相同面积的镜子两两相对，那样会使人产生不舒服的感觉。

5. 过多占用空间的电器。冰箱不能贪大图宽，应尽量选择宽度适中、高度可延的款式，这样可节省有限的地面使用面积，也不会影响食物的储藏量。

至于影音设备，电视可选择体薄质轻、能够壁挂的产品，尽量减少电视柜的占用空间。有条件的话，可考虑选择投影设备，让墙面的设计更加简洁。音响设备尽量安装在墙面与顶面，既可以获得好的音效，又不会让面积紧张的地面更加繁杂琐碎。

■ 装扮小客厅的小妙招

1. 多购置收纳式橱柜，使空间具有更强的收纳功能。

设计：易　俗

设计：杨晓慧

设计：姜忠敬

装修**秘**籍

2. 利用立体空间。将木板钉于墙面，可收纳ＣＤ等小物品。

3. 充分运用轨道式拉门的方便特点，以增加空间的灵活性。

4. 妥善运用装饰布，可营造温馨的居家空间。比如，自天花板悬挂的织物不仅能有效分隔空间，也可以在不用时拉起布幔而拓展空间。

5. 可在客厅角落以简单的桌椅构建一个工作空间，再以屏风来遮挡桌椅。

6. 镜子有扩大空间、增加深度的视觉效果，而其平滑光亮的表面，可营造水晶般的室内空间效果。在狭窄的空间里，镜子又能遮盖柜门，这样就能消减许多拥挤的感觉。

■ **小客厅装修如何省钱**

客厅地面可采用造价便宜、工艺上已有多种艺术装饰手段的水泥做装饰材料；墙面可不做背景墙，利用肌理涂料、水泥造型及整体家

设计：赵江峰

设计：赵江峰

设计：李利军

设计：高继海

设计：吕永庆

具代替单独的背景墙；购买整体家具可以省去做电视背景墙的费用；客厅吊顶可以简单化，甚至可以不做吊顶。小客厅可以利用色彩淡雅明亮的墙面涂料让空间显得更加宽敞。

■ 健康住宅的五个标准

1. 换气设备。设有换气性能良好的换气设备，能将室内污染物质排至室外。特别是对高气密性、高隔热性的环境来说，必须采用具有风管的中央换气系统，进行定时换气。

2. 温度。客厅、卧室、厨房、厕所、走廊、玄关等要全年保持在17~27℃之间。

3. 湿度、二氧化碳、悬浮粉尘、噪声。室内的湿度全年保持在40%~70%之间；二氧化碳要低于1000立方厘米/立方米；悬浮粉尘浓度要低于0.5毫米/平方米；噪声要小于50分贝。

设计：李 浩

设计：吴秋生

设计：林元君

设计：梁 金

设计：大连设计师 魏晓帅

装修秘籍

4. 照明环境。有足够的照明环境；一天的日照确保在3小时以上。

5. 建筑材料。建筑材料中不含有害挥发性物质。

■ **绿色建材未必能做到绿色装修**

很多人都存在这样的错误认识，以为装修使用了环保材料就环保、健康了。装修，即使全部用环保建材，最后得到的空气质量也可能超标。由于大多数环保建材只是有害物质含量、散发的有害气体低于一定标准，并非不含有害物质，不散发有害气体，加上装修的设计、居室结构、通风状况等因素，产生有害气体叠加效应，污染叠加其实就是积少成多。

以甲醛为例，假设在一套80平方米的居室里，使用10张达标的大芯板，也许室内环境中的甲醛含量是合格的，但同样是这套居室，若使用了20张大芯板，那么甲醛含量就会超标。即使全部使用环保建材，一旦过量，就会形成污染。即使无法保证全部使用环保材料，也

设计：蒲 刚

设计：梵石设计

设计：邓晓燕

可能不会出现严重的环境污染，仍然不能保证装修后室内空气质量能够达标。使用的即使是环保材料，在进入现场后也最好对材料进行直接治污处理；外购家具进入室内，业主入住前最好进行室内空气质量检测。如果超标，请专业环保公司治理，及时检测或治污后，房子最好也要晾置3个月以上。

■ 活性炭有效治理室内污染

活性炭是利用优质无烟煤、木炭或各种果壳等作为原料，经过特殊工艺加工的一种炭制品，它具有的微晶结构，使其有很玄的内表面，内表面有极强的吸附能力，因此被广泛用于空气净化、防毒防护领域。

活性炭是国际公认的"吸毒能手"，活性炭口罩、防毒面具都使用活性炭。利用活性炭的物理作用除臭、去毒，无任何化学添加剂，对人体无影响。喷剂等药物治理易造成二次污染，且可能损害家具，而活性炭属物理吸附，很安全，对人体无害，对家具有防霉、防腐的

设计：大连金世纪装饰　尚英杰

设计：林锦峰

设计：陈师

设计：赵隆镇

设计：赵隆镇

设计：赵隆镇

装修秘籍

作用。某些产品提倡一次性去除，而家里毒气的释放是一个缓慢的过程。有时候今天去除了，过几天又有味道了，而且这种产品一般价格不低。而活性炭有效吸附期为3~6个月，刚好与之相匹配。活性炭采用透气性包装，使用方便，价格较低，在烈日暴晒下可以反复使用，在密封条件下5~10年不变质。活性炭具有多种用途，如鱼缸净水，保藏书画（古籍最怕霉变虫咬），放入冰箱、卫生间、汽车内部均可以达到消毒除臭等目的。

■ 选购优质的活性炭

优质活性炭是密封包装的。因为在空气中或多或少会弥漫着各种有机大分子物质，特别是像刚装修不久的商店或家里的储藏柜里酚醛类物质浓度极大，这些物质都会被活性炭所吸附，日积月累，活性炭的吸附性能会因为吸附了这些物质而降低甚至无法使用。因此，越是吸附值高的活性炭越应该采用密封包装以防止活性炭性能被外界干扰。

设计：陈文伟

设计：赵隆镇

设计：张　新

设计：曹晶

设计：周　周

现在市场上出现的假冒活性炭有的是用活性炭半成品炭化料来冒充的，几乎没有任何吸附性能，使消费者受害不浅。炭化料由于没有进行活化造孔的过程，所以表面要比活性炭光洁，且颜色发白，略有金属光泽，手感要比活性炭硬，且重量也重许多。还有相当一部分的假冒活性炭采用的是劣质原料硅藻土烧制，其碳含量极低，大部分为无活性的物质，这种碳颜色相对较白，手感较重，颗粒长度较长，强度也很高，相互碰撞会发出类似陶瓷敲击似的清脆声音，用手掰开会发现断面上有白色细小颗粒。

■ 家电的选购和使用常识

1. 电视。LED电视也是液晶电视，只是背光源不一样，它采用的是发光二极管作为背光源，普通液晶电视采用的是冷阴极荧光管技术背光源。LED电视有五大优点。（1）超光色域；（2）超薄外观；（3）节能环保；（4）寿命长；（5）清晰度高。

2. 冰箱。夏季不要把冰箱放在太阳直射的地方；不要让冰箱与煤气灶等热源"亲密接触"；冰箱散热面与四周应留有5厘米以上的空

设计：周 周

设计：闾忠迅

设计：张 勇

装修秘籍

隙；食物应在冷却后再放入冰箱；冰箱门缝垫圈的密封性要好，要尽量减少开门次数；冰箱积霜厚度超过6毫米就应除霜。

3. 洗衣机。滚筒洗衣机洗衣时间长、省水、衣服不缠绕，波轮洗衣机洗衣时间短、浪费水、衣服容易缠绕。一般的滚筒洗衣机有一个"特快洗"选项，半小时左右可以完成整个洗衣过程。

4. 空调。对于中小户型的客厅而言，大家最好选用节能型空调，并根据房间面积选择适当功率的空调；1匹空调适用面积10~15平方米，1.25匹适用面积10~19平方米，1.5匹适用面积16~26平方米，1.7匹适用面积15~30平方米，2匹适用面积20~37平方米。夏季空调温度应设定在26~28℃，制冷时风向调节叶面应朝下；空气滤网每2~3周清洗一次；空调室外机尽可能安装在不受阳光直射的地方，并加装遮阳棚；空调长时间不用时，应切断电源。

设计：大连金世纪装饰　张朝亮

设计：周　周

设计：姜广伟

设计：赵隆镇

设计：周道淦

■ 购买家电的五个看点

　　在合理的价格范围内，尽量把产品主要功能的质量放在第一位，再去考虑其他的功能，如外观、赠品、使用寿命等。一般家电使用期限是5~6年，然后就应该更新换代了。

　　1. 看证书：产品的标志应齐全，包括企业名称、地址、规格、型号、商标、电压参数、功率参数、电源性质的符号等；如果是两插插头，则在器具上应该有"回"符号；使用说明书应有操作的详细说明，应有防止误用的警告语，应有详细的清洁方法等；产品上操作开关的标志应该清晰明了并可靠固定。看看产品有没有通过质量认证，出厂有没有合格证。

　　选择节能的家电无疑是最根本的节电方法。不过，有些厂家打着"节能"的幌子，实际上品质并没有任何提升。因此，选购节能家电时，还要看是否有节能效果的实验数据。

设计：罗小刚

设计：兰海亮

设计：周道淦

设计：赵隆镇

设计：张 新

装修秘籍

2. 看品牌：选择规模较大、产品质量和服务质量较好的知名品牌，并且应该在正规的卖场购买。不要选杂牌，杂牌只会给你带来无尽的麻烦，同时要选专业厂家。

3. 看售后：小家电很多配件都不能通用的，所以维修方面小家电较大家电更麻烦。选择小家电品牌时先看服务网络是否广泛，最好是全国联保。其二可以看看保修的时间、免费维护的时间以及售后服务的质量。

4. 看口碑：网上搜索用户评价。

5. 看价格：购买时别相信价格标签，一定要讨价还价，一般来说每个厂家都有促销员在现场，你可以问能否便宜一些。如果一次买多台家电，可以请求店长或值班经理服务，他肯定可以优惠更多。

设计：庄焕阳

设计：赵隆镇

设计：张 新

■ 电视机巧除尘

　　在电视机的上方和侧面有一些散热孔，灰尘非常容易从这些地方落进去。灰尘积得多了，就可能损坏晶管体，缩短电视机的使用寿命。想要彻底地清除灰尘，可用以下方法：（1）在清水中加入少量柔顺剂，搅匀(柔顺剂与水的比例大约为1：500)。把毛巾放入柔顺剂的水溶液中，浸泡3分钟。（2）拔掉电视机的电源。把毛巾拧干，搭在电视机的散热口上。注意，电视机所有的散热口都要用毛巾盖上。（3）掀起毛巾的一角，用电吹风往电视机里吹风，然后再从另一个散热口往里吹。因为柔顺剂里有阳离子，带正电荷，灰尘有阴离子，带负电荷，电视机里面的灰尘被吹起来以后，就会被吸附到挡在散热口的湿毛巾上，除尘的目的就达到了。而家中的电脑主机、音箱也容易积聚灰尘，都可采用以上的除尘方法。

设计：赵隆镇

设计：张志强

设计：赵隆镇

设计：张 新

设计：张 新

设计：张 新

装修秘籍

■ 电冰箱的挑选

1. 通电前检查。外观检查：在开启包装箱后，应首先检查电冰箱的箱体、门及顶框等处是否存在碰伤、碰坏之处。由于电冰箱重量重，体积比较大，尤其要注意是否存在运输装卸过程中受力过猛而引起的底部变形。电冰箱的表面涂层色质应均匀发亮，不应有麻点、气泡和明显的划痕，更不应有大、小面积涂层脱落现象存在。电冰箱的电镀件应光亮细密，不应有镀层脱落或生锈之处。此外，还应注意塑料装饰件，尤其是拐角处有没有损坏之处。冰箱的箱体和电冰箱的内部都是经过发泡工艺来处理完成的，如果在制冷过程中工艺要求不严格或操作不谨慎，发泡材料溢出箱体或外部涂层表面，就很难除去，在外观挑选时应注意箱体表面有没有油迹。

电冰箱内部的检查：首先检查门封，因为门封直接关系冰箱的耗电量和保温效果，而且影响制冷压缩机的寿命。质量好的门封有很好的吸合力，开启电冰箱门时，明显感到有阻力。如果没有，则门封质量不好。电冰箱的冷冻室一般都是由铝板制作而成的，检查冷冻室的

设计：候恒清

设计：张锐霖

设计：张锐霖

设计：宋 文

设计：李润明

铝板有无明显的裂痕，因为电冰箱制冷室内胆是由ABS塑料板经过真空成形工艺制成。检查是否平整，是否有裂痕和起皱的地方，尤其是过渡圆角是否圆滑，内胆镀板薄厚是否均匀。在检查冷藏室时，要重点注意温控器是否转动灵活，化霜按钮按下，是否能迅速反弹回来。查看冰箱的说明书，查看冰箱里带的一些器材如制冰盒、搁货架、果菜盘、霜铲子等是否齐全。

2. 通电后检查。经过以上检查后，可通电试运行，将温控器旋钮调到一定的位置上，接通电源，检查灯开关和灯泡是否正常。在接通电源一瞬间，应注意压缩机的启动性能，是否能一次启动。电冰箱运行几分钟后，用手摸电冰箱冷凝器，应有明显热感，而且热得越快越好，而回气管则有明显的冷感。若无冷感则说明电冰箱的性能比较差。如果回气管上有霜，则说明制冷加得过多，不仅耗电量大，而且制冷效果也不是很好。运行20~30分钟后，检查冰箱内部蒸发器表面应有一层薄而均匀的霜层。若蒸发器上结霜不均匀或某一部位不结霜，则说明电冰箱的制冷性能比较差。对间冷电冰箱，用手按下风机开关，此时风口出冷气。噪音也是电冰箱的主要性能之一。但在商店选购时，由于环境噪音比较大，因而很难听出电冰箱的噪音，只有在周围才可听到低沉的风机旋转声。若用手接触箱体时，有轻微振动的

设计：王利昌

设计：周 健

设计：候恒清

装修秘籍

感觉。由于大部分压缩机的自身噪音并不大，冰箱噪音主要来自压缩机运转时与管道及箱体产生的共振。

■ 聚焦环保灯具

环保的灯具首先要工作电压低，耗电量少，性能稳定，寿命长（一般为10万小时），抗冲击，耐震动性强；没有红外线和紫外线成分；调光性能好，色温变化时不会产生视觉误差；改善眩光，减少和消除光污染，零频闪；无电磁辐射。以上为判断环保灯具的主要标准。既能提供令人舒适的光照空间，又能很好地满足人的生理健康需求，是环保的健康光源。长期使用可保护视力，预防近视。在挑选灯具时，优质光源是绿色照明的基础。优质光源应具有以下三个方面的特征：

1. 光谱成分中应没有紫外线和红外线。长期过多接受紫外线，不仅容易引起角膜炎，还会对晶状体、视网膜、脉络膜等造成伤害。红外线极易被水吸收，久而久之晶状体会发生变性，导致白内障。

设计：吴文进

设计：李 勇

设计：周 健

设计：余 涛

设计：顾忠诚

2. 光的色温应贴近自然光。人们长期在自然光下生活，眼睛对自然光适应性强，视觉效果好。

3. 灯光为无频闪光。普通日光灯的供电频率为50赫兹，表示发光时每秒亮暗100次，属于低频率的频闪光，会使人眼的调解器官处于紧张的调解状态，导致视觉疲劳。如果发光时的频率提高到数百数万赫兹以上，人眼即不会有频闪感觉。

■ 开关、插座涉及的一些基本问题

1. 开关与插座数量和资金预算。开发商交房的时候，最初的开关和插座无论是数量还是位置都不会很合适，所以，应根据实际需要适当调整或增加开关插座的数量。开关和插座是家装里一项不大不小的支出，作为普通消费者，平均算下来，每个开关插座的价格应该在10元左右比较合适。如果开发商原配的插座质量还可以，一些隐蔽位置（如床头柜后面、橱柜里面）都可以用，不用全部买新的。

2. 五孔插座与三孔插座。一些固定位置的专用插座，比如冰箱、洗衣机、油烟机、厨宝、空调等完全没必要买五孔的，三孔的就可

设计：高　宁

设计：恒浩装饰

设计：林　强

设计：栾春阳

设计：孟红光

装修秘籍

以。在这里特别提醒大家，一般的电器，除了普通电视，基本上插头都是三相的。

　　3. 带开关插座的位置选择。带开关插座的位置选择问题主要考虑两点：一个是家用电器的"待机耗电"，另一个是方便使用。家里会使用带开关插座的位置依次是：洗衣机插座、电热水器插座、书房电脑连插线板插座、橱柜台面两个备用插座。

　　几乎所有的家用电器都有待机耗电。所以，为了避免频繁插拔，类似于洗衣机插座、电热水器插座这类使用频率相对较低的电器可以考虑用带开关插座。

　　如果你认为电饭锅、电热水壶这类电器两次任务之间插来拔去很麻烦，可以考虑在橱柜台面的备用插座中使用带开关插座。

　　书房电脑连一个插线板基本可以解决电脑那一大串插头了，为了避免每天撅着屁股到写字台下面按插线板电源，可以在书桌对面安装一个带开关插座。

　　4. 电视机后面到底应该如何安排。在所有家电里，客厅电视背景墙那一整套设备加起来的待机耗电是最大的（功放尤其突出）。在

设计：李杰亮

设计：温凡琦

设计：李润明

电视后面用十孔插座，以后放上电视柜，功放、DVD、电视的插头就要常年插在插座上了。经常插拔肯定是不方便了，即便是换成带开关的插座，把手伸进去开关也不方便。而且功放、DVD、普通电视都是两相的插头，十孔插座（两个五孔）也不够。因此，可以安装两个五孔插座，一个连接插排的（可以将所有的家电都插在插排上），一个作为备用插座。

　　5. 空调插座是否要带开关。电闸箱里空调有专门的电闸，所以，空调插座没必要带开关，不用的时候把电闸箱里的空调闸拉下来就行了。

　　6. 插座的位置是重点。插座位置处理不当的话，如果在卧室、客厅，可能会影响家具摆放；如果在卫生间、厨房，可能就要刨砖了。安排插座位置有一条原则：让插座尽可能靠边一般不会出错，但如果你把插座的位置留得不当不正，就有可能与后期的家具摆放或者电器安装发生冲突。

　　要从实用的角度合理安排开关、插座的位置，排风扇开关、卫生间电话插座应装在马桶附近，而不是装在卫生间进门的墙边。

设计：莫水明

设计：吴秋生

设计：沈阳实创装饰

设计：刘 亮

设计：姜 鑫

设计：马 健

装修秘籍

■ 木门选购的九点建议

1. 一般来说，门的价格是指连门带套的价格，但不包含五金件，而模压门的商家往往都号称包含五金件，并不是因为他们大方，而是因为模压门不能现场开槽，必须把五金件事先装好了。商家往往以"包含五金件"作为销售的招牌吸引不知情的人。

2. 在地砖与地板的连接处安装门，地砖一般要铺入门洞内1厘米，这样将来地板压条会正好压在门下，里外看起来都很整齐美观。把握这一点的关键在于瓦工，对于负责任的瓦工，应该是个常识，但是如果瓦工素质差就不好说了。所以，建议大家在铺地砖之前自己应该首先跟瓦工就此点进行一下沟通。

3. 选择门的时候，除了关心门的质量，应该问一下门的工期，以便掌握家装进度。

4. 标准门洞有一个标准的尺寸范围，师傅上门测量门洞的时候，如果是标准范围内的门洞，他会记下门洞的尺寸，回去根据尺寸下

设计：查裕高

设计：敖陈记

设计：1979—新锐、国际、时尚的品牌家居顾问设计公司

设计：李琳飞

设计：李琳飞

料；如果不是标准尺寸范围，他一般会要你适当加钱（十块二十块的）；如果确实差得太多，他会建议你让装修队修改一下，并给你一个确定的尺寸，这个尺寸你一定要注意，别让工人给你做差了。

5. 做门的木料一般要用硬木或合成后的木材才不易变形，不能用白松之类软木。

6. 门的外饰面在工艺上分为清油（有木纹的）、混油（没有木纹的）两种。

7. 门的五金也很关键。好门还要配有好的门锁、合页、门吸（地吸）才能完整。

8. 一般来说，应该先装门，后装地板，因为只有先装门，地板的踢脚线才能和门套线严丝合缝地接到一起。门的安装很关键，如果不是很忙的话，装门的时候最好能现场监工。

9. 检查门套平不平、直不直，门上好以后，看看门与门套之间的空隙上下是否一样大，另外门是否紧贴门套。如果空隙一样，说明这个门做得不错，上得也不错。

设计：吴成玉

设计：沈阳元洲装饰　鲁勇

设计：沈阳元洲装饰　鲁勇

装修**秘**籍

■ 选择门的五金有讲究

1. 锁体不能露尖。露尖容易伤人。所以，买锁的时候尤其要注意三个位置：锁把手末端、锁舌头、锁体四角。

2. 锁簧要好。按一下把手，便宜的锁和质量好的锁手感肯定不一样。此外，锁簧好的锁灵敏度高，开启的时候感觉好。

3. 分量越足，锁的质量相对越好。锁表面的镀层应该细腻光滑、没有斑点。锁的风格一定要和室内门的风格一致。

4. 门锁的合理价格。对于普通消费者来说，没必要买100元以上的锁，太便宜的门锁质量也确实一般。所以，选择门锁的价格范围在50~80元之间最合适。

5. 卫生间的锁和卧室门的锁是有区别的。卫生间门一般都没有钥匙，这一点买锁的时候商家一般都会提醒。

6. 门锁分左开门锁和右开门锁。原先门锁还分左开门锁、右开门锁，现在普遍都可以双向开，不过最好先问一下。

设计：侯学坤

设计：易　俗

设计：淮安钟凯丽装饰锦绣工作室

设计：刘晓会

设计：游永朱

　　7. 好的门需要配好的锁，好的锁还需要好的安装。建议大家在工人装完门锁之后，逐个检查一下，如出现不好锁、锁把手发紧、钥匙打不开或打开不顺畅等问题，最好让工人在现场把问题解决。

　　8. 合页。合页的质量主要从开合的平稳度、表面镀层光滑度、扇面厚度、分量等几个方面加以比较。

　　9. 门吸、地吸。门吸最好钉在墙上，地吸最好钉在地板上。建议尽可能用门吸，因为拖地的时候，门吸不会像"趴"在地上的地吸一样挡拖把。

设计：大连金世纪装饰 康慨

设计：姜 鑫

设计：1979—新锐、国际、时尚的品牌家居顾问设计公司

设计：李杰亮

设计：王 玮

装修秘籍

客厅和玄关的风水

■ 客厅的吉运格局

　　客厅的格局最好是正方形或长方形，座椅区不可冲煞到屋角，沙发不可压梁。

　　如果客厅呈L形，可用家具将之隔成两个方形区域，视为两个独立的房间。例如，可将一个区域当成会客室，另一个区域当成起居室。或是在墙壁上挂面镜子，象征性地补充缺角，然后，当成完整的房间来决定中心。

设计：候恒清

设计：唐 丹

设计：孟红光

■ **客厅的颜色与大门朝向**

　　门朝向为东南的住宅：客厅宜追求明亮感，可多用白色系；门朝东的住宅：客厅要求采光适宜，不可过亮，白色调不超过总用色面积的四分之一；门朝西南的住宅：客厅设计不宜太宽阔，用色以白、土黄和咖啡色为宜；门朝北的住宅：客厅不要留出过多的无用空间，因为如果客厅内无用空间太大，会让人没有安全感；门朝南的住宅：客厅可采用冷色调，不要太鲜艳；门朝东北的住宅：客厅家具宜选厚重风格，用色喜黄色、原木色，空间喜宽绰；门朝西边的住宅：客厅宜宽敞，宜用淡绿、淡蓝色。

■ **客厅中摆放鱼缸的讲究**

　　1. 小户型的客厅不宜摆过大的鱼缸：太大的鱼缸会储存过多的水，从风水的角度来说，水固然重要，而太多太深则不宜，容易滋生

设计：许芳明

设计：赵隆镇

设计：李文斌

设计：李文斌

设计：李文斌

设计：吴秋生

装修秘籍

细菌且不易打理。而鱼缸高于成人站起时的眼睛位置便是过高，尤其是面积较小的客厅更为不宜。

2. 鱼缸不宜放在吉方：任何住宅都不可能十全十美，总会有些外煞之类的存在，用鱼缸来化解外煞是一个巧妙的方法。

3. 鱼缸切勿摆在沙发背后：从风水角度来看，以水来做背后的靠山是不妥当的，因为水性无常，倚之作为靠山，便难求稳定。因此把鱼缸摆在沙发背后，一家大小日常坐在那里，便会感觉无山可靠。而若是把鱼缸放在沙发旁边，则对住宅风水无妨碍。

■ 玄关顶棚风水有讲究

1. 顶棚宜高不宜低。门厅处的顶棚若是太低，易有压迫感，顶棚高，则门厅空气流通较为顺畅，对住宅的运气也大有裨益。

2. 色调宜轻不宜重。中国人讲究的是"天、人、地三合一"，顶棚相当于"天"，要平整、明亮，色彩要配合墙体，不宜太深。如果顶棚的颜色比地板深，便形成上重下轻、天翻地覆的格局，象征这家人长幼失序，上下不睦。而顶棚的颜色较地板的颜色浅，上轻下

设计：魏羽鸿

设计：孟红光

设计：恒浩装饰

设计：敖陈记

设计：敖陈记

重，这才是正常之现象。

3. 灯具宜方圆忌三角。门厅顶上的等式排列，宜圆宜方却不宜三角形。有人喜欢把数盏筒灯或射灯安装在门厅顶上来照明，这是不错的布置，但如把三盏灯布成三角形，那便会弄巧成拙，形成"三炷倒插香"的局面。若排列成方形或圆形，则最为适宜，因圆形象征团圆，而方形则象征方正平稳。

4. 图案设计宜简洁忌烦琐。有些人把顶棚设计得很复杂，单纯追求美化、立体感，重叠组合，高低不统一，失去重心。棚顶的长、方、斜、尖、曲、圆不配套，色彩组合不协调，不伦不类，这种顶棚设计会使人感到压抑，如入迷雾之中。

■ 客厅玄关的镜子如何摆放

通常住宅在玄关安装镜子可作出门时整理仪表之用，还可令玄关显得更加宽敞、明亮。但如果镜子正对大门，则绝对不妥当，因为镜

设计：吴成玉

设计：付 斌

设计：黄宇云

装修秘籍

片有反射作用，会把从大门流入的旺气反射出去。玄关顶上也不宜铺贴镜片，否则，一进门举头就可见自己的倒影，会有头下脚上、乾坤颠倒之感，应尽量避免。

■ 横梁压顶如何化解

横梁压顶是装修中的大忌，会使人产生非常压抑的感觉。从风水学的角度来说，无论事业还是财运等各方面的发展都会受到压抑，导致家道不兴。因此，横梁不能出现在住宅中的任何一个角落。玄关处若出现横梁，也必须要进行化解，比较常见的方法是请装修工人做吊顶来遮盖横梁，使其所携带的不利影响消失。此外，还不要忘了安灯，可以通过增加阳气的方法来削弱或去除横梁带来的不利影响。

附赠光盘图片索引（001~120）

张思文 001	张思文 002	张思文 003	黎世红 004	王余锋 005	杨静平 006	杨静平 007	李文斌 008	陈中秋 009	李文斌 010
尚道林 011	陈中秋 012	王海兵 013	尚道林 014	李文斌 015	尚道林 016	黎世红 017	李文斌 018	王海兵 019	黎世红 020
李文斌 021	尚道林 022	郑泽波 023	李文斌 024	郑泽波 025	CC设计事务所 026	武汉梵石 027	武汉梵石 028	武汉梵石 029	武汉梵石 030
武汉梵石 031	武汉梵石 032	武汉梵石 033	武汉梵石 034	武汉梵石 035	武汉梵石 036	武汉梵石 037	高 明 038	谢小龙 039	谢小龙 040
谢小龙 041	谢小龙 042	谢小龙 043	谢小龙 044	王 进 045	黄 岩 046	梁世玉 047	冯文强 048	胡玉婷 049	桂文彬 050
桂文彬 051	桂文彬 052	桂文彬 053	高 明 054	CC设计事务所 055	CC设计事务所 056	李向明 057	桂文彬 058	桂文彬 059	桂文彬 060
桂文彬 061	桂文彬 062	桂文彬 063	桂文彬 064	桂文彬 065	桂文彬 066	桂文彬 067	桂文彬 068	桂文彬 069	桂文彬 070
桂文彬 071	桂文彬 072	桂文彬 073	桂文彬 074	桂文彬 075	桂文彬 076	桂文彬 077	桂文彬 078	桂文彬 079	桂文彬 080
导火牛 081	杜国良 082	房 伟 083	顾 维 084	郭长周 085	候君黎 086	九创装饰 087	鞠成巍 088	李润明 089	刘 杰 090
刘 帅 091	沈力君 092	王嘉伟 093	王建军 094	王 锐 095	吴 锐 096	武家辉 097	尹 鑫 098	由伟壮 099	余顺弟 0100
原新华 101	张英俊 102	曹 晶 103	导火牛 104	房 伟 105	候君黎 106	九创装饰 107	鞠成巍 108	李润明 109	刘 亮 110
刘 帅 111	沈力君 112	王建军 113	王 锐 114	武家辉 115	尹 鑫 116	余顺弟 117	原新华 118	张英俊 119	3C工作室 120

导火牛 121　房 伟 122　候君黎 123　九创装饰 124　沈力君 125　王建军 126　王 锐 127　尹 鑫 128　余顺弟 129　导火牛 130

房 伟 131　九创装饰 132　沈力君 133　余顺弟 134　房 伟 135　九创装饰 136　余顺弟 137　房 伟 138　余顺弟 139　余顺弟 140

3C工作室 141　陈文伟 142　陈文伟 143　陈文伟 144　陈文伟 145　陈文伟 146　陈文伟 147　陈文伟 148　陈文伟 149　陈文伟 150

陈文伟 151　房 伟 152　刘 亮 153　刘 帅 154　刘 帅 155　沈力君 156　王建军 157　王建军 158　王建军 159　余顺弟 160

戴文强 161　戴文强 162　奉泉装饰 163　管月亮 164　管月亮 165　贾建新 166　马 强 167　刘志伟 168　瑞家装饰 王志伟 169　沈阳方林 刘广智 170

沈阳方林 刘广智 171　王 峰 172　吴成玉 173　吴成玉 174　闫忠迅 175　许芳明 176　刘志伟 177　吴成玉 178　杨建国 179　张富强 180

戴文强 181　张锐霖 182　戴文强 183　戴文强 184　戴文强 185　大连瑞家装饰 姜立冬 186　陈 斌 187　才 龙 188　才 龙 189　吴 飞 190

王瑞吉 191　王瑞吉 192　吴 飞 193　陈 斌 194　陈 斌 195　陈 斌 196　吴 飞 197　吴 飞 198　吴 飞 199　王瑞吉 200

王瑞吉 201　沈阳实创装饰 202　管月亮 203　姜忠敬 204　匡国亮 205　李晓乐 206　李晓乐 207　李晓乐 208　刘晓阳 209　刘晓阳 210

莫金华 211　莫金华 212　莫金华 213　莫金华 214　莫金华 215　梵石设计 216　管月亮 217　莫金华 218　莫金华 219　曲俊名 220

尚 丹 221　尚 丹 222　尚 丹 223　尚 丹 224　尚 丹 225　尚 丹 226　梵石设计 227　管月亮 228　刘晓阳 229　吴成玉 230

吴成玉 231　姜忠敬 232　沈阳实创装饰 233　沈阳实创装饰 234　沈阳实创装饰 235　沈阳实创装饰 236　沈阳实创装饰 237　沈阳实创装饰 238　张富强 239　奉泉装饰 240

中国当代最具潜力的室内设计师 （以下排名不分先后）

何帅剑　李正杨　金　戈　周孝瑞　赵江峰　梁　金　游永朱　周朝辉　周　健　陈赔坚
吴序群　侯恒清　吴文进　郭志刚　范文永　李利军　贾建新　孙　鹏　宋　文　魏　童
罗惠民　李　浩　姜广伟　李　勇　刘　剑　王　玮　张富强　尚英杰　姜忠敬　张旭龙
吴成玉　马　健　何　群　向　涛　高继海　谷长美　张锐霖　大连金世纪装饰
品川设计　淮安钟凯丽设计　1979家居顾问设计公司　深圳前域空间　恒浩装饰